建設現場の災害事例
——「こんな事故・

命に関わるまでには至らなかったが……

　朝の「おはよう！」の元気な挨拶から始まって、ケガひとつなく作業を終える——これは建設現場で働く人の誰もが願い望むところです。そして、その実行と実現が最上・最良の〝仕事〟でもあるわけです。

　ほとんどの人は、そのへんを改めて意識することなく、当たり前にこなしているかもしれません。「自分はケガなどするはずがない」の思いを持ちながらです。

　しかし、建設業の現場全体を見渡してみると、１日１件に近い割合で死亡災害が発生しています。死傷者数ともなると、その何十倍にも上ります。

　現場の皆さんが事故や災害に全く無関心ではいられないのも、労災多発の厳しい現実があって〝他人事でないかもしれない〟という気持ちが多少なりともあるからではないでしょうか。

このポケットブック「こんな事故・災害にも気をつけよう！」では、危険に対する意識を刺激する災害事例のうち、一例を除き幸い生命に関わるまでには至らなかったもの、ちょっとした不注意から起こしてしまいがちな事例を取り上げています。

　普段の作業ぶりや安全に対する心構えを振り返りながら、一つひとつを見てみて下さい。

　そのとき「ひょっとしたら自分もこんな目にあうんじゃないか、仲間を負傷させてしまうようなミスをするのでは……」といった想いが少しでも浮かぶようでしたら、それを自身の反省すべき注意点と考え、皆さんのこれからの被災予防に役立てていただきたいと思います。

ご安全に！

目　次

災害事例

1. きちんと固定していなかった足場板がズレて、墜落 …………… 4
2. 足場にからまったロープをほどこうとしたとき、幅木が外れ転落… 6
3. 開口部養生用のコンパネと知らずに、撤去しようとして墜落 … 9
4. 可搬式作業台の端から足を踏み外し、転落 ………………… 12
5. フォークリフトの爪の位置を調整中に、爪が脱落し手を挟む … 15
6. 高所作業車を上昇させたとき、バー（手摺り）に手を挟まれる … 17
7. 足場解体時に単管パイプが落下し、荷受け段取り中の作業員を直撃 … 20
8. ワイヤーモッコ内の親綱支柱が落下して跳ね、作業員に当たる … 22
9. バックホウで積み込み中の敷鉄板が滑り落ち、作業員が腕を負傷 … 24
10. 解体中に手で外そうとした型枠が、作業員の足に落下 ……… 26
11. バックホウに吊り上げられた土のうが、旋回時に作業員に激突 … 28
12. 雪が降るなかでトラックを運転中、急ブレーキをかけ電柱に激突 … 31
13. 深夜に小型バンで作業員を送迎中、道路脇の排水路に転落 … 33
14. 枠組足場の通路から降りる際、パイプにつまずき転倒 ……… 35
15. ニッカポッカが足場材の突起に引っかかり転倒 ……………… 36
16. 立ち馬から降りるときバランスを崩し、脚が差筋に刺さる …… 38
17. ベニヤの釘打ちをしていて、エアー釘打機の釘が安全靴を貫通 … 40
18. 産廃物を運んでいるとき、産廃ボックスの前で釘を踏み抜く … 41
19. 工事用エレベーターに縦置きしたボードが倒れ、骨盤を骨折 … 43
20. 雨の中で使用していた電気ドリルが漏電して心肺停止に ……… 45
21. ビル増築工事でガス管を切断中、ガスが爆発し火傷 ………… 47
22. 解体作業で鋼材を切断中、火花がほこりクズなどに着火し火災に … 50
23. 打設中のコンクリートが皮膚に付着し炎症（化学熱傷）を起こす … 52
24. コンクリート養生のため２日前に置いた練炭でＣＯ中毒 ……… 54
25. 休暇明けの作業員が熱中症に …………………………… 57

負傷者への応急手当

1. 骨折 ………………………………………………………… 61
2. 止血 ………………………………………………………… 61
3. 心肺蘇生の手順 …………………………………………… 63

災害事例 1　きちんと固定していなかった足場板がズレて、墜落

　コンクリート床から2.5mの高さで、足場組立のため、作業床から900mmの高さに親綱を張っていた。作業員が足場板を番線で固定しようとして、その足場板を踏んだところ、足場板が滑ってズレたためバランスを崩し、墜落した。

　ハーネスタイプの安全帯をしていたが、安全帯のロープの長さが1.5mあったため、安全帯のロープが効く前に、左足が床に着地し足首を骨折した。

災害発生の背景と原因

- 親綱の支点間の距離は、1.6 mと短かったが、緊張されていなかった。
- ベルトタイプの安全帯は、腰の高さからロープが伸びるが、ハーネスタイプは、それより高い背中から伸びているため、墜落したときには、より下まで落ちることに気づかなかった。
- 親綱を張った位置も低かった。
- 固定していない足場に乗るとズレることへの注意が足りなかった。

被災予防へのアドバイス

✧ 一般に、安全帯のフックは腰の位置より高いところに掛けることになっています。
✧ 2〜3 mからの墜落では、床まで落ちてしまう場合がありますが、それでも安全帯の使用によって、ケガが軽くなることが期待できます。
　安全帯を正しく使う習慣を守って下さい。

災害事例 2

足場にからまったロープをほどこうとしたとき、幅木が外れ転落

　下地鉄骨の取付けを行うため、上部にいた作業員が鉄骨部材を親綱ロープを使って吊り上げようとロープを投げ降ろしたが、足場にからまってしまった。

　それで、下部にいた作業員が足場（1段目・高さ2.0 m）に乗り、からまったロープをほどこうとして上段足場の幅木に手を掛け、身を乗り出したときに幅木が外れ、その反動で自分自身も手摺りを越えて墜落した。安全帯は、未使用だった。

災害発生の背景と原因

- ロープだけで鉄骨部材を吊り上げようとしたため、足場に沿っての作業となり、ロープがからまってしまった。
- スチール製の幅木は、上からボルトで締める仕組みになっていたが、妻面の幅木がしっかりと固定されていなかった。
- 作業員が足場をよじ登るという不安全行動（近道行為）をした。

被災予防へのアドバイス

✧ ロープによる揚重作業では金車を使い、ロープを足場から離すようにして下さい。

✧ 足場の完成時には、幅木の固定状態の確認も忘れずに。

✧ 足場は端部（妻面）のような部分に、不備が発生しがちです。

✧ 足場をよじ登る〝近道行為〟をしての墜落災害も多発しています。

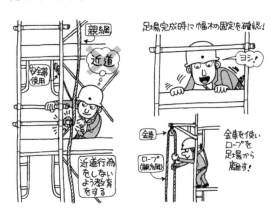

災害事例	開口部養生用のコンパネと知らずに、
3	撤去しようとして墜落

　ビル建設現場で、ケーブルラック周りの穴ふさぎ処理をしようとした際に、隣りにあるコンパネ（開口部養生）が邪魔だったため、起こして立てかけようとしたが、それが開口部養生と知らなかったために足を踏み外し、開口部から墜落してしまった。

災害発生の背景と原因

- 作業場所が初めて行く階で、事前の確認がなく、しかも一人作業だった。
- 開口部周りに他の資材があり、作業員はコンパネが開口部養生の物だとは思わなかった。
- 開口部養生に表示や明示がなかった。
- 作業場所が暗く、十分な照明を確保せずに作業を開始した（作業員は、作業場所へ上がってくる階段が明るかったので、穴ふさぎをする場所も明るいだろうと勝手に思い込んでしまい、照明確保に注意が向

かなかった)。
- 開口部に関する具体的な指示がなかった。

 被災予防へのアドバイス

✧開口蓋（ふた）は強度のある物とし、ズレ止めもしておくべきです。

✧誰が見ても、開口部養生の下に開口部があることが分かるような注意表示と、高さを明記しておくことも必要です。

✧各階の階段から作業場所に立ち入るときのために、一番目につく位置（入口など）に、開口位置を図で示しておくと、危険への注意をうながしやすくなります。

✧どの作業場所も、作業しやすい照明を保つようにするのも大切です。

✧開口蓋で養生するときは、次の作業者のことをよく考え、開口部の明示と強固な開口蓋をし、なおかつ照明で照らすようにしましょう。

✧作業に伴う設備や機械等が変わることによって、複数の作業者の入れ替わりがあるため、誰が見ても分かるような「安全の見える化」が欠かせません。

災害事例 4 可搬式作業台の端から足を踏み外し、転落

　被災者は、スラブ上で可搬式作業台を使って大梁の締め付け作業をしていた。その際、作業台の端部から身を乗り出して作業をしたところ、足を踏み外して転落し、顔面を骨折してしまった。

災害発生の背景と原因

- その日の最後の作業箇所だったので、早く作業を終わらせようと、つい作業台端部から身を乗り出し、無理な体勢で締め付け作業をしてしまった。
- 作業者は、手元の作業に気をとられ、横移動したときに足を踏み外してしまうことへの警戒心が薄れていた。
- 作業員のなかに、作業を早く済ませたい気持ちが強く、無理な体勢での作業（省略行為）をしてしまった。

被災予防へのアドバイス

◇可搬式作業台上での作業員は、足元への注意がおろそかになった場合に備え、端部に「感知板」とか「ゴムバンド」を取り付けておくといいでしょう。

◇そのほか、自分からよく見える位置に、作業範囲が分かるように「目印」をつけるようにするのも不安全な体勢の予防になります。

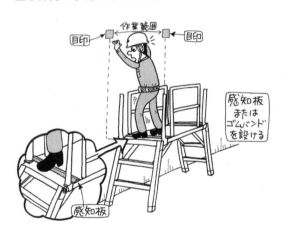

災害事例 5

フォークリフトの爪の位置を調整中に、爪が脱落し手を挟む

　フォークリフトで資材を運搬しようとした作業員が、フォークリフトの爪の間隔を調整しようと、両手で爪をつかみ、引っ張って動かしたとき爪が脱落し、床と爪の間に左手の指が挟まれた。

災害発生の背景と原因

- 作業員に、フォークの爪が外れる（脱落する）という認識がなかった。
- 爪には取れる位置があることを知らなかった。
- 爪の重量を軽く見ていた。
- 爪の横動きが悪いままにして、使っていた。

被災予防へのアドバイス

✧フォークリフトの部分調整は、簡単な作業のように思われがちですが、過去に災害が多く発生している危険ポイントがあることを知って下さい。

✧まず、フォークの爪には外れる位置があって、移動・着脱作業には脱落の危険が伴っていることです。

　そのため、脱落による挟まれ災害を防ぐには、爪の下にバタ角を敷いて作業をすること、爪の移動が鈍い場合は、無理に力を入れず、油などを差して滑らかに動くように処置してから作業をすること——などが必要です。

◇爪の移動や固定は軽視されて、災害が起きても大したケガにはならないと思われがちですが、固定をおろそかにしたため荷の揚重・運搬時に爪が外れ、作業員が荷の下敷きになって重傷を負った例もあります。

◇フォークリフトは、工場などで同じ物を繰り返し運搬するために使われる場合などは安全ですが、工事現場では、毎日、さまざまな物を運搬しますから、爪の移動と固定の必要性が頻繁に生じます。これを、面倒がらずに、しっかりと行うことが安全確保のポイントとなります。

災害事例 6	高所作業車を上昇させたとき、バー（手摺り）に手を挟まれる

　タワークレーンを用いて外装のPC板を取り付けるため、建屋内では高所作業車を使用していた。その作業で、梁の下にあるファスナー金物の取付け位置までバスケット部分を上昇したとき、鉄骨梁と高所作業車のバー（手摺り）の間に手を挟み、負傷した。

災害発生の背景と原因

- 現場全体の工事の流れとして、昼は鉄骨工事、夜間は外装工事とされていたが、夜間作業での明かりが十分でなく、しかも下から照らされていた。そのため、

高所作業車を操作していた作業者は下からの照明がまぶしく、周囲が確認しづらかった。
- しかも、慣れた高所作業車ではなかったため、作業者は操作だけに集中していた。
- 作業者は、上昇すると他の物にぶつかりやすいバーに手を添えていた。

 被災予防へのアドバイス

◇高所作業車のバケット上昇時に挟まれる災害は、繰返し発生しています。

　下をのぞき見しながら上昇していたため、顔を挟まれた事例も少なくありません。言うまでもなく、機械の力で挟まれるとケガの程度は重くなります。

◇バケット部分を上昇させる場合は、上（上昇先）をよく確認して下さい。旋回させるときは旋回方向を、指差呼称などで確認するようにして下さい。

　確認が間に合わないと思ったときは、上昇を中断して確認しましょう。

◇バケット内で体を支える場合は、最上段のバーではなく、より低い位置を掴んで下さい。

◇照明は複数用意して、手暗がりにならないようにします。

◇慣れない高所作業車を使う前には、広い場所での操作練習も必要です。

| 災害事例 7 | 足場解体時に単管パイプが落下し、荷受け段取り中の作業員を直撃 |

外部足場の解体作業開始後、鳶工が単管ブラケット足場最上段（地上約12m）の手摺りを解体しようと、建地と手摺りを緊結しているクランプを外していたところ、1.5mの単管パイプを落下させてしまった。その際、直下で資材の荷受けの段取りをしていた作業員の左頭部と左手親指の付け根を、落ちてきた単管パイプが直撃した。

災害発生の背景と原因

- 作業準備段階での人員（鳶工）の配置は、1名が屋上の材料の片付け、4名がブラケット足場2段おきに縦一列に並び、1名が道路上で材料を受け取るこ

とになっていた。
- 足場解体前の点検は行わなかった。
- 用途不明な単管パイプが取り付けてあり、鳶工はそれを建地と思い込んでいた。
- 屋上の作業員は、作業主任者の作業開始の合図を待たずに、勝手に作業を開始した。
- その作業員は、解体前に下の状況を確認しなかった。
- 作業開始前の現地ＫＹが不十分だった。

被災予防へのアドバイス

　この事故・災害の事例には安全上の問題点、あるいは改善すべき点がいくつか見られます。順に挙げると、

◇作業開始前に解体箇所の点検を行い、異常がないことを作業員に知らせるべきであるのに、それがされなかったこと。

◇作業前に足場解体範囲や手順、人員配置などについての作業関係者の打ち合わせが不十分だったこと。

◇不要な建地がクランプ１つで固定されていた状況を、毎日の点検の際に見逃していたこと。

◇また、手渡しによる足場材の荷下ろしは、高くなるほど上下作業の危険が増しますから、ロープを使って降ろすことを検討すべきでしょう。

| 災害事例 8 | ワイヤーモッコ内の親綱支柱が落下して跳ね、作業員に当たる |

被災者（圧送工）は打設終了後の片付けをしていた。そのとき地上ヤードで荷受けしていた鳶工から、荷が降りてくるので周囲から離れ待機するように言われ、建屋内に入った。そのあと降ろしていた荷が風にあおられ、足場に触れて傾き、ワイヤーモッコ内の親綱支柱5本が落下。建屋内に跳ねて、1本が待機していた圧送工の左足大腿部にぶち当たった。

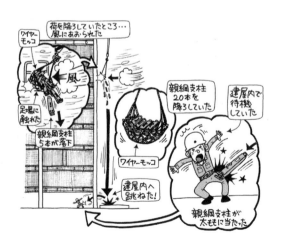

災害発生の背景と原因

- 地上ヤードの傍で別作業があり、荷卸しスペースが狭い中、ポンプ車を避けて建屋に近い位置で荷卸しが行われていた。
- 鉄筋の揚重に使った10mの玉掛ワイヤーの下に、ワイヤーモッコを吊った。
- 突風にあおられ、荷が足場にふれ傾いた。
- 親綱支柱がワイヤーモッコから落ちやすい荷姿だった。
- 被災者が吊り荷に近い場所にいた。

被災予防へのアドバイス

◇ 荷降ろし作業時には、建物から距離を取りながら降ろせるスペースを確保するよう、同じヤードを使用する他作業との調整が必要です。

◇ 人払いするときは、安全が確保できる距離を置いて待機させましょう。

◇ 荷を積む際には、荷がきちんと納まって落ちこぼれない大きさのワイヤーモッコを選定して下さい。荷に応じた、飛来落下を防ぐのに有効なワイヤーモッコがいくつかあります。

きんちゃくモッコ

災害事例 9
バックホウで積み込み中の敷鉄板が滑り落ち、作業員が腕を負傷

敷鉄板（1.5 m×3.0 m、800kg）をバックホウのバケットで抱え込み、4tトラックに積み込もうとした際に、鉄板が滑り落ちて手元作業員の右腕に当たり骨折した。被災作業員は、ダンプの上にあった敷バタ角の位置を直そうとダンプの荷台に手を出していた。

災害発生の背景と原因

- この作業は、予定していた作業が早く終わったために行った予定外作業だった。
- バックホウのオペレーターは、クレーン機能が付いているのは知っていたが、敷鉄板程度であればクレーンモードに変えずにそのままバケットに載せて移動させても問題ないと思っていた。
- 手元作業員（被災者）は、バックホウの用途外使用で危ないと思っていたが、すでに鉄板を荷台に降ろす状態だったため、敷バタ角の位置直しを続けた。
- オペレーターも危険を承知していたが、敷鉄板が小さいことから安易な気持ちでバケットに積み込んだ。

- 被災者が、立入り禁止区域に入って作業をした。
- 敷鉄板移動作業の手順が明確でなかった。

被災予防へのアドバイス

◇ 重機の運転席には、用途外使用禁止のステッカーを貼るとか、表示物を設けるなどして、オペレーターの安全意識や注意を促すようにして下さい。
◇ 当日の作業予定の変更・追加には、事前の打ち合わせとKYミーティングが欠かせません。

災害事例 10　解体中に手で外そうとした型枠が、作業員の足に落下

　型枠の解体作業中、被災者は1人で木製の梁型枠をバールで浮かし、そのあと手で外そうとした。そのとき手が滑って型枠パネルが左足の甲に落下。休業56日の重傷を負った。

災害発生の背景と原因

- 作業手順通りの作業（型枠を浮かしたあとは、立ち馬で型枠を下に降ろす）がされていなかった。

- 被災者は落下物を避けようとしたのだが、後ろに立ち馬があり、足元にも資材があって避けられなかった。

被災予防へのアドバイス

✧現場においては、作業手順の理解不足、あるいは手順を無視しての近道行動や省略行為が災害発生の原因となっている例が数多くあります。
　作業手順の順守は、安全確保の基本中の基本であることを忘れるわけにはいきません。
✧作業場所の整理整頓も、とっさの災害回避行動のさまたげになります。

災害事例 11	バックホウに吊り上げられた土のうが、旋回時に作業員に激突

土留め矢板の補強のための土のうを川底に積む作業を移動式クレーンで行っていたが、クレーンの吊り上げ可能範囲内の土のうがなくなったため、範囲外にあった土のうをバックホウを使って、吊り上げ可能範囲内に移すことになった。

そのとき被災作業員がバックホウのバケットに玉掛けをして、オペレーターが席に着いたことを確認し、

巻き上げの合図を送ったところ、急に左旋回して被災者に吊り荷が激突した。

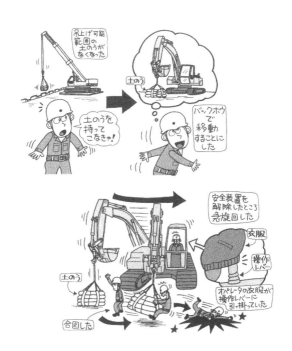

災害発生の背景と原因

- バックホウが急旋回したのは、オペレーターが自分の衣服が操作レバーに引っかかったのに気づかないまま、合図に従って安全装置を解除したためだった。
- 被災者は、バックホウから十分に離れずに、巻き上げの合図を送ってしまった。
- バックホウを用途外使用していた。

被災予防へのアドバイス

◇荷を吊り上げるときの合図は、オペレーターの正面で、十分離れて行って下さい。
◇オペレーターに限らず、作業開始前には服装や保護具の点検を行って、作業の支障にならないようにしましょう。

【類似災害】

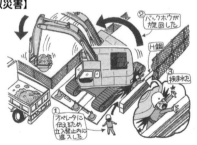

災害事例 12
雪が降るなかでトラックを運転中、急ブレーキをかけ電柱に激突

　当日は朝から冷え込み、雪が降っていた。現場からの発生土を10tダンプで仮置き場に運搬中、路上に段差があったため急ブレーキをかけたところ、スリップして縁石に乗り上げ、道路脇の電柱に衝突した。幸い運転手は軽傷を負っただけですんだ。

事故発生の背景と原因

- 路上はシャーベット状に雪が積もり、滑りやすくなっていた。
- それにもかかわらず、運搬を急ごうとスピードを出

し気味だった。
- 段差に気づくのが遅れ、直前でブレーキをかけた。

事故防止へのアドバイス

　冬道でのスリップ事故防止には、次のような点を守って運転して下さい。

✧速度は控えめにして、車間距離は長めにとる。
✧急ハンドル、急ブレーキ、急加速はしない。
✧橋の上、トンネルの出入口、日陰部分では速度を落とす。
✧天候や路面状況を考慮にいれ、時間的に余裕のある運行計画を立てる。
✧道路面に適したタイヤ、チェーンを早めに装着する。

| 災害事例 13 | 深夜に小型バンで作業員を送迎中、道路脇の排水路に転落 |

　ビルの新築工事で電気設備工事を担当していた同僚作業員が、深夜残業後に会社のバンで帰る途中、運転者が吸っていたタバコを床に落とし、それを拾おうとして前屈みになったとき、車が左にそれて排水路に転落してしまった。その衝撃で同乗者全員が負傷した。

事故・災害発生の背景と原因

- 運転者が、運転以外のことに気を取られ、ハンドル操作を誤った。
- 運転者以外はシートベルトをしていなかった。
- 全員、作業終了が深夜（2時）になる日が続き、疲労が溜まっていた。

被災予防へのアドバイス

◇言うまでもなく、脇見運転は厳禁、シートベルト着用は厳守！です。

◇疲労が蓄積しているときの運転は、普段以上の慎重さが求められます。

（ちなみに、この事故を起こした車は、制限速度を守って走行していたそうですが、運転者が前方から目をそらしたことが事故につながってしまいました。）

災害事例 14

枠組足場の通路から降りる際、パイプにつまずき転倒

69歳になる高齢作業員が、鋼製布枠を運びおえて足場上の通路から降りようとしたとき、枠組足場のパイプにつまずき転倒した。

災害発生の背景と原因

- 被災者の小さい段差に対する判断や対応が遅れた。

☆ 被災予防へのアドバイス

◇ 個人差はありますが、一般的に高齢者の身体機能は、聴力、視力、運動能力、記憶力などが、若年者の50％～60％ぐらいに低下するといわれています。

◇ これは、本人もあまり意識せずにいて、何気ない行動や、慣れた作業動作中に現れたりしますから、注意しましょう。

| 災害事例 15 | ニッカポッカが足場材の突起に引っかかり転倒 |

型枠支保工の組立作業で、作業員が資材を肩にかついで運んでいるとき、支保工建地下部のピンにニッカポッカの裾が引っかかり転倒し、水平材に胸を打ち付けた。本人はただの転倒だと思い、終業後に帰宅したが、しばらくして痛みがひどくなり、病院で診てもらうと内臓の損傷が発見された。

災害発生の背景と原因

- 作業員に、ニッカポッカの裾が何かに引っかかるという意識が全くなかった。
- 転倒を甘くみていて、とくに手当もしなかった。

★ 被災予防へのアドバイス

◇作業服は機能性だけでなく、安全性も考えて選ぶことが大事です。

◇作業によっては、ニッカポッカの裾を縛るなどして、広がらないようにする工夫も必要です。

◇転倒に関しては他に、安全帯のロープが垂れ下がっていて引っかかり、転んだ例もあります。

◇足場が密な現場では、服装にまで注意を向けましょう。

◇転倒やつまずきの危険性は軽く思われがちですが、階段上でとなると、重大な災害になる可能性があります。

災害事例 16
立ち馬から降りるときバランスを崩し、脚が差筋に刺さる

　被災者は、高さ1.4mの立ち馬の上で梁の鉄筋組立ての作業をしていたが、作業終了直前に翌日の梁の圧接作業の準備をしておこうとあわてて立ち馬からスラブに降りようとした。そのときバランスをくずし、外壁差筋が左足大腿部裏に約5cm刺さるという重傷を負ってしまった。

災害発生の背景と原因

- 差筋の養生（保護キャップ等）がなかった。
- 作業者は作業終了直前だったため、あわてて立ち馬から降り、斜め（差筋のある方）にバランスをくずしてしまった。
- 本人は、立ち馬の足元に差筋があることをすっかり忘れていた。
- 作業前の、周囲や足元の確認が不十分だった。

被災予防へのアドバイス

✧めったにない災害かもしれませんが、差筋の近くで

　作業する場合は、養生と整理整頓が必要です。
◇立ち馬がさほど高くないからといって、慌てて降りたりすると思わぬケガに見舞われたりします。
◇作業の前には、周囲や足元の状態に危険なところがないか、必ず確認することを徹底しましょう。

災害事例 17

ベニヤの釘打ちをしていて、エアー釘打機の釘が安全靴を貫通

　二重床上のベニヤの釘打ちをエアー釘打機で行っていた作業員が、右足元近くに打ち忘れ箇所があるのに気づき、そこへエアー釘打機を向けようとした。そのとき誤って自分の右足の先端と釘打機の先端を接触させ、釘が飛び出して安全靴を貫通するという災害になった。

災害発生の背景と原因

- エアー釘打機のトリガー（引き金）を引いた状態だった。
- 作業員が取り回しのときに、安全確認を怠った。

被災予防へのアドバイス

◇ エアー釘打機の取り回しのときや持ち運びのときは、トリガーから指を離して下さい。
◇ 作業の流れのなかで〝何の気なしにやってしまうミス〟とか〝とっさの行動〟による無理な姿勢での災害は、意外と多く発生していますから用心して下さい。

災害事例 18	産廃物を運んでいるとき、産廃ボックスの前で釘を踏み抜く

　被災者は産廃物を前にかかえ、産廃ボックスの前を歩いているとき、釘を踏み抜いてしまった。

災害発生の背景と原因

- 産廃ボックスの前に産廃物が置かれていて、通路が十分に確保されていなかった。
- 夕方近くで薄暗く、照明も少なかった。
- 被災者も通路の状況を注意していなかった。

★ 被災予防へのアドバイス

◇産廃ヤードの近くでは、物の放置による災害が思った以上に多く発生しています。

◇また、重量物をボックスに入れる際にボックスの縁（ふち）との間に指を挟む災害も少なくありません。要注意です！

災害事例 19
工事用エレベーターに縦置きしたボードが倒れ、骨盤を骨折

被災者は、同僚の作業員3人と工事用エレベーターを使ってプラスターボード9.5mm厚の荷揚げをしていた。数枚ボードを運び込んだときのこと、立てかけたボード20枚（380kg）が倒れてきて、支えきれずに下敷きになり、左足足首の関節を脱臼骨折、骨盤も骨折した。

災害発生の背景と原因

- ボードの荷揚げが、上階になるにつれ揚重に時間がかかり、従来の平置きから縦置きにした方がかがまなくすみ、労力も少なくなるだろうと、全員同意のもとで作業方法を切り替えた。
- 立てかけたボードには必要な傾きがなく、ほぼ垂直で、不安定な状態だった。
- 倒れてきたボードを、思わず、無理に支えようとしてしまった。

★ 被災予防へのアドバイス

✧ 総重量が380kgにもなる複数のボードが倒れてきたとき、それを1人で支えようとしても無理な話です。恐らく、突然の出来事で逃げようもなかったのでしょう。

✧ しかしそれよりも、平置きの安定した状態から縦置きに変えることによる危険性に考えが及ばなかったことが問題点としてあげられます。

✧ 作業方法の変更に当たっては、危険を想定しながらの打ち合わせと確認が欠かせません。

災害事例 20

雨の中で使用していた電気ドリルが漏電して心肺停止に

電動ドリルを使って壁型枠の組立作業をしていた作業員が、分電盤から距離があったため、ケーブルドラムを用意して配線した。しばらくすると雨が降ってきたので、職長が様子を見に行ったところ、作業員が倒れていて、近くに電気ドリルが落ちていた。すぐに病院に搬送したが、すでに心肺停止状態だった。

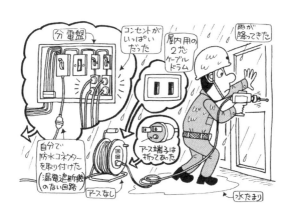

災害発生の背景と原因

- コンセントがなかったため自分で防水コネクターを取り付けたが、幹線延長用の漏電検知機能のない、ただのスイッチに接続してしまった。結果として、漏電遮断器のない電気回路だった。
- 電気ドリルが古いタイプで、雨に濡れて漏電していた。
- 強い雨だったため、スラブ面に水溜まりができていた。

被災予防へのアドバイス

◇ 必要なコンセント類が不足している場合は、元請けさんに相談して設備の増設を頼みましょう。

◇この種の作業では漏電遮断器の装備された屋外型コードリールなどを使用し、接地線を必ず使用して下さい。近くのコンセントに接地端子がない場合は、分電盤から配線することが必要になります。
◇電気の使用場所に水溜りができないよう、現場を整備して下さい。絶縁物で作った作業床を仮置きするのも有効です。
◇水溜りに入っていた電源コードが漏電していて、足を入れ、周りの鉄筋に触った瞬間に感電した災害例もあります。

災害事例 21　ビル増築工事でガス管を切断中、ガスが爆発し火傷

事務所ビルの解体現場で、ビル内のガス管撤去のため作業員2人がビル東側入口付近のガス管を防爆構造でない電動ノコギリで切断し始めたところ、ガスの臭いがしたので残ガスがあると判断したのだが、作業を継続。大部分のガス管を切断・撤去したものの、ガスの臭いは消えなかった。そのためガスが薄まるまでその場を離れることにし、西側の水道管の切断作業を開

始したとき、突然爆発が起きて作業員が2人とも大火傷を負った。

災害発生の背景と原因

- 作業開始前に、ガス供給元の本管から建物への引き込み管に開閉弁の「開弁」の状態を確認していなかった。
- 職長、作業員とも、当然ガス管内のガスは抜かれているものと思い込んでいた。
- 切断作業中、ガスの臭いを感じていたにもかかわらず、作業をしつづけた。
- 都市ガスのような可燃物が充満している管の切断に、防爆構造でない電動ノコギリを使用していた。

被災予防へのアドバイス

◇ ガスの供給が止まっていても、臭いのする場合は作業をいったん中止し、ガス抜きの時間を設けましょう。
◇ 作業再開にあたっては換気を行い、ガス検知器などを用いてガスが残っていないかを確認しなければなりません。

　爆発防止には、万全を期することが大切です。

◇ 可燃性の危険物が充満しているような状況では、防爆型以外の電気機械器具は使用してはいけません。

災害事例	解体作業で鋼材を切断中、火花がほ
22	こりクズなどに着火し火災に

　ＲＣ造の建物の解体作業で、アングル材をベビーサンダーで切断中に、火花が老朽化した階下の床や柱の木材、ほこりクズなどに着火して出火。解体建物の火災は、隣家２棟に延焼した。

火災発生の背景と原因

- 防炎シートなどによる飛散防止措置がなされていなかった。
- 老朽化した木材やほこりクズなどの可燃物に対し、防炎養生を行わなかった。
- ベビーサンダーの切断火花が、出火原因になるとは考えなかった。

 火災予防へのアドバイス

✧サンダーの火花でも、火災の原因になることを認識しておきましょう。
✧作業開始前には、下のイラストにあるような準備と措置が必要です。

災害事例 23

打設中のコンクリートが皮膚に付着し炎症（化学熱傷）を起こす

　基礎耐圧版コンクリート打設の圧送作業で、作業員（圧送工）は打設するスラブが厚いため、胴部分まであるゴム長靴を履いて作業する予定だった。ところが、作業開始直後、ゴム長を鉄筋に引っ掛けて破損してしまい、替えがなかったため、安全ゴム長靴と雨合羽で作業をつづけた。そのうち長靴の中にノロが入り込み、そのまま打設していたため、膝からふくらはぎにかけて化学熱傷（コンクリート焼け）を起こした。

災害発生の背景と原因

- 打設しているコンクリートが厚いにもかかわらず、普通の安全長靴と雨合羽だけで作業をした。
- 胴体部分まである長靴の替えが用意されていなかった。
- 作業員に、コンクリートは肌に付着すると炎症を起こす危険性があるという認識がなかった。
- 作業員は、化学熱傷がどんなものかを知らなかった。

被災予防へのアドバイス

◇コンクリート打設作業において、胴体までの長靴は必要な保護具であると考えて下さい。

◇肌にコンクリートが直後ふれたときは、すぐに水で流しましょう。服に付着した場合は、着替える必要があります。

◇同じような災害に地盤改良材（生石灰）による炎症があります。直接さわるのはもちろん、生石灰を含んだ水の水替え作業をしているときに発症することがありますから、注意しましょう。

| 災害事例 24 | コンクリート養生のため2日前に置いた練炭でCO（一酸化炭素）中毒 |

　防火水槽の建設工事において、災害発生の2日前に水槽のコンクリート打設を終了し、養生のため練炭コンロを置いた。災害発生当日、先に現場に着いていた作業員が水槽内で仰向けに倒れているのを職長が発見した。すぐさま職長と同僚作業員2人が救助に降りたが、3人とも一酸化炭素中毒になった。

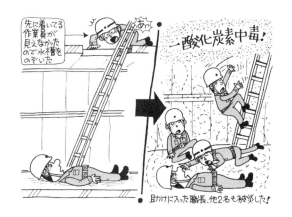

災害発生の背景と原因

- 練炭から発生した一酸化炭素が水槽内に充満していたにもかかわらず、換気や呼吸用保護具の着用なしに水槽内へ入ってしまった。
- 救出時にも、保護具も着けずにあわてて災害現場に降りたことが、二次災害を招いた。
- 作業関係者に対し、ＣＯ中毒の危険性についての教育をしていなかった。
- 練炭の使用表示や警告表示などがされていなかった。

被災予防へのアドバイス

✧コンクリート構造物の養生には昔から練炭が用いられていますが、作業関係者はそれに伴う危険性をよく知っておくべきです。

✧練炭使用中の表示のある所には、絶対に立ち入らないようにしましょう。

✧被災者を一刻も早く救助したい気持ちになるのは誰しもなのですが、無防備での救助作業は、ほとんどの場合この事例のような悲惨な事態を招きます。酸欠についても同様です。

✧練炭などの有機物の燃焼ガスが充満する恐れのある密閉された場所に、やむを得ず立ち入らなければならないときは、事前に十分な換気を行い、一酸化炭素濃度あるいは酸素濃度の測定をしてもらってからにして下さい。

災害事例	
25	休暇明けの作業員が熱中症に

　お盆休み明けに現場に戻ってきてスラブ型枠施工の作業をしていた作業員は、水分補給をしながら、1時間ごとに休憩も取っていたのだが、午後2時ごろ多量の発汗のあと手足にしびれを感じ、けいれんを起こしたため病院に搬送され、5日間入院した。

災害発生の背景と原因

- 熱中症になりにくくする条件の1つに「暑さへの慣れ（熱への順化）」があります。しかし暑さに慣れていても、しばらく高気温の下での作業から離れていると、暑さに弱くなります。

　「熱への順化」は4日後ぐらいからなくなり始め、3～4週間で完全に失われると言われています。盆休み明けに発症が多いのもそのためです。

熱中症の症状は？

熱中症とみられる典型的な身体の状態には、次のようなものがあります。

① 体温が38.5度以上。

② 皮膚が赤い、熱い、乾いている（全く汗をかかない、触ると身体が熱い）。

③ ズキンズキンとする頭痛がある。けいれんを起こす。

④ めまいや吐き気がある。

⑤ 意識がもうろうとしていて、ろれつが回らない……などです。

被災予防へのアドバイス

予防のための自己管理の基本は、

① 朝食はしっかりとる。
（栄養バランスのよい食事。暴飲暴食はダメです）

② 作業服は長袖の通気性、吸湿性のよいものを着用する。
（熱の侵入を防ぐもの、保温力の低いもの、放湿性の高いもの）

③ 汗を出しただけ、水分を補給する。塩分も必ずとる。
（目安は、コップ1杯の水に、軽くひとつまみの塩）

④ その日の疲労を残さないようにする。
（入浴、食事のあと、睡眠・休憩を十分にとる）

熱中症については、こんなことも知っておいて下さい。

◇天候が不順の年は「5月中旬から9月半ばまで発症」しています。
◇熱中症は「鶏の卵でいうと、ゆで卵ができ始めている状態」です。

◇ 適切な処置をしないで放置しておくと、死亡することもある恐ろしい疾病です。
◇ 現場ではさほどの症状ではなかったのに、帰宅後、睡眠中に死亡した例もあります。
◇ 高血圧、心臓疾患、糖尿病、腎臓病、精神疾患などの人は、熱中症になるリスクを抱えていると思って下さい。

☆ 「**緊急処置**」としては、**まず首の後ろ、脇の下、太腿の内側を冷やし**、それから**体全体を冷やす**ようにしましょう。

負傷者への応急手当　1. 骨折

前腕部の骨折

当て木がなければ、雑誌やダンボールを利用する

大腿部の骨折

骨折した足を挟むように内側と外側に当て木を当て、三角布等で固定する

外側の当て木は「胸から足関節まで」の長さのものを用いる

下腿部の骨折

固定の範囲は原則として骨折部の両端の関節までとする

負傷者への応急手当　2. 止血

止血の方法

①直接圧迫止血法

　出血している箇所に直接圧迫して止血する方法で止血の基本である。創の中に多くの切削屑等が入り込んでいる場合には、感染の危険があるので、直接圧迫止血法は採用できない

②間接圧迫止血法

鼓動と連動して噴出するような出血に適用される。出血箇所より心臓に近い箇所の指圧止血点に向かって圧迫し、動脈の流れを止めて止血する方法

止血帯法

（直接圧迫止血法で止血できない出血）

止血点

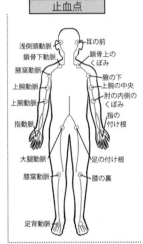

浅側頭動脈／耳の前
鎖骨下動脈／鎖骨上のくぼみ
腋窩動脈／腋の下
上腕動脈／上腕の中央
上腕動脈／肘の内側のくぼみ
指動脈／指の付け根
大腿動脈／足の付け根
膝窩動脈／膝の裏
足背動脈

①出血部位よりも心臓に近い部分を幅の広い三角巾など（幅3cm以上）で縛り、輪を作る

②輪に差し込んだ棒を引き上げながら廻して、出血が止まるまで充分締める

長さ20cm程度の丈夫な棒

③出血が止まったら、ゆるまないように棒を固定する

④止血開始時間を記入し、医療機関到着まで、30分毎に1回止血帯を緩め、血流の再開を図る

負傷者への応急手当　　3．心肺蘇生の手順

1．意識の確認

相手の耳元で「大丈夫ですか」など、大声で呼びかけながら、肩を軽くたたき、反応をみる

2．助けを呼ぶ

反応がなければ大声で助けを呼び、協力者が来たら、119番への通報またはAED（自動体外式除細動器）を持ってきてもらうよう要請する

3．気道確保

①喉の奥を広げて空気を肺に通しやすくする（気道の確保）
②片手を額に当て、もう一方の手の人差指と中指の2本をあご先（骨のある硬い部分）に当てて、あごを上げる

頭部後屈あご先挙上法

4．呼吸の確認

気道確保した状態で、正常な息をしているか調べる

- 次のいずれかの場合には「正常な息なし」と判断する

胸、腹部→動きなし
呼吸音→聞こえない
息→感じられない
約10秒確認しても呼吸の状態が不明確
しゃくりあげるような途切れた呼吸がみられる

5．人工呼吸

呼吸がなければ人工呼吸を開始する
①気道を確保したまま、傷病者の鼻をつまむ
②息を1秒かけて吹き込み胸が持ち上がるのを確認する
③いったん口を離し、同じ要領でもう一度息を吹き込む
④1回目の吹き込みで胸が上がらなかった場合は、再度、気道確保をやり直し息を吹き込む。うまく胸が上がらなくても吹き込みは2回までとし、心臓マッサージに進む

6．心臓マッサージ

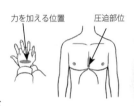

力を加える位置　　圧迫部位

①胸の真ん中（乳頭と乳頭を結ぶ線の真ん中）に片方の手の付け根を置き、他方の手をその上に重ね、両手の指を互いに組む
②ひじをまっすぐ伸ばして手の付け根の部分に体重をかけ、傷病者の胸が4～5cm沈むくらい強く圧迫する
　a. 1分間に100回の速いテンポで30回連続して圧迫する
　b. 圧迫を緩める時は、胸がしっかり戻るまで十分に圧迫を解除する